BEI GRIN MACHT SICH IHR
WISSEN BEZAHLT

Anna Cwalian

Sozialkapital und Regionalentwicklung

GRIN Verlag

Bibliografische Information der Deutschen Nationalbibliothek:

Die Deutsche Bibliothek verzeichnet diese Publikation in der Deutschen National-
bibliografie; detaillierte bibliografische Daten sind im Internet über http://dnb.d-
nb.de/ abrufbar.

Impressum:

Copyright © 2008 GRIN Verlag GmbH
Druck und Bindung: Books on Demand GmbH, Norderstedt Germany
ISBN: 978-3-640-16862-0

Dieses Buch bei GRIN:

http://www.grin.com/de/e-book/115269/sozialkapital-und-regionalentwicklung

GRIN - Your knowledge has value

Der GRIN Verlag publiziert seit 1998 wissenschaftliche Arbeiten von Studenten, Hochschullehrern und anderen Akademikern als eBook und gedrucktes Buch. Die Verlagswebsite www.grin.com ist die ideale Plattform zur Veröffentlichung von Hausarbeiten, Abschlussarbeiten, wissenschaftlichen Aufsätzen, Dissertationen und Fachbüchern.

Besuchen Sie uns im Internet:

http://www.grin.com/

http://www.facebook.com/grincom

http://www.twitter.com/grin_com

Christian-Albrechts-Universität
zu Kiel

Geographisches Institut

Sommersemester 2008

„EVOLUTIONÄRE WIRTSCHAFTSGEOGRAPHIE"

Thema:

SOZIALKAPITAL UND REGIONALENTWIKLUNG

Anna Cwalina

Kiel, den 02.07.08

Gliederung

1. Einleitung

Diese Hausarbeit bearbeitet die Thematik des Sozialkapitals und ihrer Wirkung zur wirtschaftlichen Entwicklung einer Region. Sozialkapital als ein fördernder Faktor in der ökonomischen Entfaltung einer Region wurde in den letzten Jahrzehnten stets positiv bewertet, so zum Beispiel zur Jahrtausendwende von der Weltbank und der OECD. Gleichzeitig empfahlen diese bedeutenden Organisationen, dass es in die wirtschaftlichen und politischen Bilanzen aufgenommen werden sollte. Mit dieser Hausarbeit möchte ich auf die Frage eingehen, inwiefern Sozialkapital einen positiven Einfluss auf die wirtschaftliche Entwicklung einer Region hat.

Im ersten Teil komme ich zu einer Definition von Sozialkapital, die ich anhand von Theorien der drei renommierten Wissenschaftler Fukuyama, Coleman und Putnam darstellen werde. Sie waren die Ersten, die Sozialkapital beschrieben haben und die ersten Versuche starteten, es zu messen. Anschließend zeige ich zwei Erfolgsgeschichten aus Italien und Brasilien, in denen Sozialkapital eine maßgebliche Rolle in der wirtschaftlichen Entwicklung dieser Regionen gespielt hat.

Im letzten Abschnitt dieser Hausarbeit möchte ich die Sichtweise von Udo Staber darstellen, der die bisherigen Bewertungen von Sozialkapital als zu allgemein und zu positiv kritisiert. Ihm fehlt es meistens an empirischer Genauigkeit, da die vorliegenden Studien sehr oft Ergebnisse und Rückschlüsse von scheinbar vergleichbaren Forschungen in ihre Messungsszenarien integrieren würden, die aber auf die individuellen Situationen nicht übertragen werden könnten. Seine innovativen Vorschläge, wie in der Zukunft Sozialkapital gemessen werden kann, um Ungenauigkeiten und Widersprüche in den Resultaten zu vermeiden, werde ich einzeln auflisten und vorstellen.

2. Sozialkapital – Definition

2.1. Sozialkapital nach Fukuyama

Fukuyama verbindet Sozialkapital sehr stark mit der Kultur eines Landes oder einer Region. Das gegenseitige Vertrauen innerhalb einer Gesellschaft ist die Voraussetzung für das Entstehen vom Sozialkapital.

„Die Fähigkeit des Einzelnen, mit anderen zusammenzuarbeiten, hängt wiederum davon ab, in welchem Grad eine Gemeinschaft Normen und Werte teilt und dazu in der Lage ist, individuelle Wünsche den Interessen größerer Gruppen unterzuordnen. Auf der

Basis solcher gemeinsamer Werte erwächst Vertrauen, und Vertrauen besitzt (...) einen erheblichen, messbaren wirtschaftlichen Wert." (FAUST/MARX S.9)

Das Vertrauen also als das wichtigste Element entwickelter, liberaler Demokratien. Hinzu kommt, dass die kulturellen Verhaltensmuster und ererbten ethischen Gewohnheiten, die in Form von wechselseitiger Loyalität, einem Moralkodex gegenüber den Menschen und sozialem Vertrauen zum Vorschein kommt, die Voraussetzung für das gute Funktionieren z. B. der wirtschaftlichen Institutionen ist. Die sittlichen Verhaltensmuster werden durch das nächststehende Umfeld erlernt, also durch die Familie, Freunde, Nachbarn und das gesellschaftliche Umfeld. Die traditionellen religiösen und ethischen Systeme wiederum dienen als Kanäle, durch die die notwendigen moralischen Werte transportiert werden, um die kulturell bedingte Kooperation herzustellen. (FAUST/MARX S.9)

„Fukuyama stellt damit einen direkten Zusammenhang zwischen dem moralischen Verhalten auf individueller Ebene und kulturellen Normen und Werten auf der Systemebene her." (FAUST/MARX S.10)

Somit ist es eine Sitte des gegenseitigen Vertrauens, die dazu führt, dass die einzelnen Beteiligten eine uneigennützige Auffassung verinnerlichen, die wiederum erneut derartige Handlungsweisen antreibt.

2.2. Sozialkapital nach Coleman und Putnam

Coleman betrachtet Sozialkapital als ein Kapitalvermögen des Individuums, das aus sozialen Beziehungen resultiert.

„Soziales Kapital wird über seine Funktion definiert. Es ist kein Einzelgebilde, sondern ist aus einer Vielzahl verschiedener Gebilde zusammengesetzt, die zwei Merkmale gemeinsam haben. Sie alle bestehen nämlich aus irgendeinem Aspekt einer Sozialstruktur, und sie begünstigen bestimmte Handlungen von Individuen, die sich innerhalb der Struktur befinden. (...) Anders als andere Kapitalformen wohnt soziales Kapital den Beziehungsstrukturen zwischen zwei oder mehr Personen inne". (COLEMAN 1995, S. 392.)

Coleman erklärt das Sozialkapital als kooperatives Handeln, das von nutzenmaximierenden Eigenschaften der einzelnen Akteure geprägt wird. Die Überlegung soll wie gefolgt verstanden werden: Nach Einführung bestimmter Interaktionen in ein Netzwerk entsteht eine hohe Erwartungswahrscheinlichkeit weiterer Interaktionen, wodurch die gesamte Motivbeschaffenheit der Verhaltenskonstellation einer kompletten Veränderung innerhalb der einzelnen Akteure unterliegt. Wenn das Verhalten der Akteure bei einem einmaligen Spiel zusätzlich von der Unsicherheit überschattet sein sollte, besteht die Gefahr, dass Kooperation als Strategie sich nicht entwickeln wird. Wobei bei einer erwarteten Vielzahl von Wiederholungen der Spielsituation es zu einer Entwicklung der Kooperation kommen kann. Unter diesen Handlungen verbirgt sich die Erwartung eines höheren Nutzen, d. h., der wirtschaftliche Nutzen kann sich bei einer wiederholten Kooperation von beiden potenziellen Partnern entwickeln. In diesem Zusammenhang wird das Vertrauen anders als bei Fukuyama interpretiert. Es ist kein „metaphysisches Grundvertrauen", sondern „die rationale Wahl einer Handlungsalternative unter Risiko." (FAUST/MARX, S.11) Putnam schließt sich Colemans Überlegungen im Bezug auf Sozialkapital an, parallel interpretiert er den Mechanismus des Vertrauens jedoch ein bisschen anders. Das Vertrauen als entscheidender Faktor soll nicht nur innerhalb der Gruppe zur Entstehung von Kooperation beitragen, sondern durch kulturelle Internalisierung auf der gesamtgesellschaftlichen Ebene Ergebnisse zeitigen.

Putnams Argumentationsweise lässt sich anhand seines Werkes *Making democracy work* am Beispiel Italiens sehr gut darstellen.

3. Sozialkapital und regionalwirtschaftliche Entwicklung an einem Beispiel

3.1. Italien

Die schlechtere wirtschaftliche Entwicklung Süditaliens im Vergleich zu der Norditaliens begründet Putnam durch die unterschiedlichen historischen Voraussetzungen, die schon im Mittelalter ihren Ursprung hatten. Die Unterschiede zwischen Nord- und Süditalien im Zusammenhang mit bürgerlichen Sittsamkeiten und politischen Strukturen ließen sich schon im 12. Jahrhundert erkennen. (PUTNAM 1993, S.126) Wichtig zu erwähnen ist, dass der Norden durch horizontale Beziehungen geprägt ist, wogegen der Süden sich durch vertikale und hierarchische Strukturen auszeichnet.

In diesem Zusammenhang argumentiert Putnam, dass das Verhaltensmuster „Nicht kooperieren" in Süditalien zu einer Internalisierung führte. Dies bewirkte die Entwicklung der kulturellen Muster Süditaliens, die bis zum heutigen Tag fortbestehen. Die Verbesserung institutioneller Rahmenbedingungen in Süditalien konnte ihre Wirkung nicht entfalten, weil die internalisierte Nichtkooperationsnorm, die in informellen Institutionen weitergegeben wurde, ein Hindernis bei der Steigerung der ökonomischen Leistungsfähigkeit und demokratischer Performanz war. Die Überlegungen ergänzt Putnam durch die so genannte „spieltheoretische Einsicht, dass

5

sich im Gefangendilemma zwei stabile Gleichgewichtszustände" (FAUST/MARX S. 13) ergeben.

Putnam unterscheidet zwei auseinandergesetzte Strukturmerkmale in Bezug auf Italien. Also die Strategie „Nicht kooperieren" für Süditalien und die Strategie des Kooperierens in Norditalien. Die unterschiedliche Performanz im heutigen Italien erklärt Putnam mit dem Grad des Vertrauens, das er als exogenen, strukturabhängigen Faktor definiert. Derselbe Grund wird von ihm in der Zeit des Mittelalters als endogen erläutert, also aus den politischen Strukturen ihrer Zeit heraus. Für das Funktionieren bzw. Nichtfunktionieren der formellen Institutionen im Norden bzw. im Süden macht Putnam die jeweilige dauerhafte politische Kultur verantwortlich.

Die gute wirtschaftliche Leistungsfähigkeit Norditaliens lässt sich vor allem in lokalen Clustern von kleinen und mittleren Unternehmen beobachten. Schon in den 80er Jahren ist man auf die Cluster Norditaliens aufmerksam geworden, die sich durch eine ausgeprägte Fähigkeit zu kollektiver Problemlösung auszeichneten. Schon zur damaligen Zeit nahmen die kleinen und großen Unternehmen eine auffallende dynamische Entwicklung, vor allem in Bezug auf hohe Exportquoten. Das Textil-Industriedistrikt Prato mit 8.000 Firmen, 44.000 Beschäftigten und einer Exportquote von 60% hat bewiesen, dass eine enge Zusammenarbeit zwischen kleineren und mittleren Unternehmen (nicht nur mit großen Unternehmen) die dynamische Entwicklung der Region positiv beeinflussen kann. Die Zusammenarbeit zwischen den kleineren und mittleren Unternehmen ist vor allem von gegenseitigem Vertrauen geprägt und zeigt, dass auf diesem Wege ein Positivsummenspiel entstehen kann. Alle Abmachungen werden per Handschlag vereinbart, die auch von den Beteiligten eingehalten werden, weil erfahrungsgemäß opportunistisches Verhalten das traditionelle Sozialkapital zersetzen würde. Die negativen Folgen würden sich durch eine zwangsläufige Einführung formalisierter Vertragsbeziehungen äußern, welche die Flexibilität massiv beeinträchtigt und höhere Kosten für das jeweilige Unternehmen verursacht hätte. (MEYER-STAMER 2005, S.4-5)

3.2. Vale dos Sinos (Brasilien)

Anhand einer Analyse von Hubert Schmitz, der sich seit vielen Jahren intensiv mit Clustern in Industrie- und Entwicklungsländern in Bezug auf Sozialkapital auseinandergesetzt hat, möchte ich die Erfolgsgeschichte von einem Schuhindustrie-Cluster in Vale dos Sinos darstellen. Am Beispiel der Stadt Doris Irmaos, die sich in der

Region von Vale dos Sinos befindet, untersuchte Schmitz die Bedeutung des Sozialkapitals auf die dynamische Exportentwicklung in den lokalen Schuhindustrien. Im 19. Jahrhundert wurde die kleine Stadt Doris Irmaos von deutschen Immigranten gegründet, die bis in die 30er Jahre des 20. Jahrhunderts die typischen charakteristischen Merkmale der deutschen „Kolonien" aufwies. Die Einwanderer bezeichneten sich selbst als „Brasiliendeutsche" und lebten in der Region überwiegend isoliert von den anderen brasilianischen Gemeinden. Ehen wurden hauptsächlich innerhalb der eigenen Gemeinde geschlossen und die deutsche Sprache als lokale Umgangssprache praktiziert. Schmitz beobachtete in der Gemeinde eine klare Hierarchie, die die Entstehung des ausgeprägten Gemeinschaftssinnes innerhalb der Gemeinde nicht beeinträchtigte.

In den 30er Jahren des 20. Jahrhunderts betrieben die brasilianischen Behörden eine aktive Politik der Integration der abgeschotteten Kolonien in Südbrasilien, weil sie in den deutschen Kolonien eine Bedrohung ihrer nationalen Integrität sahen. Schließlich wurde während des Zweiten Weltkrieges die permanente Ausdruckform der deutschen Kultur untersagt. Die deutsche Sprache durfte in der Öffentlichkeit nicht mehr gesprochen werden und auch deutsches Radio und Zeitschriften wurden verboten. Schmitz wagt die Behauptung, dass der Außendruck der brasilianischen Behörden der Auslöser für die Entstehung dichterer Sozialbeziehungen innerhalb der deutschen Kolonie war. (MEYER-STAMMER 2005, S. 9)

Erst in den 40er Jahren kam es zu einer industriellen Entwicklung in Vale dos Sinos, somit auch in Doris Irmaos, wo man sich auf die Herstellung von Schuhen konzentrierte. Die Region wird von Schmitz in den Anfängen als arm charakterisiert, welches der Grund für die enge Kooperation zwischen den entstehenden Unternehmen gewesen mag. In der ersten Phase der Entstehung bemühte man sich, das Mindestkapital für die Gründung einer Firma zu bekommen oder half sich mit Materialien und Maschinen aus, was das schon bereits vorhandene Sozialkapital zusätzlich stärkte.

Die gesamte Region entwickelte sich im Laufe der Zeit zu einer so genannten industriellen Community. Zu den wichtigsten Faktoren, die eine Änderung der kollektiven Identität bewirkten, waren hauptsächlich der Anstieg des Anteiles der gewerblichen Produktion am Einkommen, die enge Kooperation sowie der wirtschaftliche Erfolg. Das Sozialkapital unterlag in dieser Entwicklungsphase von Vale dos Sinos einer Institutionalisierung, d. h. die formellen Organisationen, insbesondere Unternehmensverbände und formalisierte Kooperationsstrukturen (z. B. eine jährliche Schuhmesse) gewannen immer mehr an Bedeutung. Der Prozess der

Institutionalisierung des Sozialkapitals verstärkte sich als die Unternehmen im Vale dos Sinos von US-Handelsfirmen als Lieferanten entdeckt wurden. Dies führte zu einem enormen Exportboom und zwischen 1972 und 1980 verdreifachte sich die Zahl der exportierten Paar Schuhe. Zunächst spielten Kooperation und das traditionelle Sozialkapital eine wichtige Rolle, später jedoch begann der Prozess der Auflösung des Sozialkapitals. Die Ursachen für die Erosion des traditionellen Sozialkapitals fand Schmitz in dem Auftreten neuer Gruppen außerhalb der Region, denen die Tradition dieser Region fremd war. Die wichtigste Gruppe, bekannt als Exportagenten, stammten zunächst aus den USA, später kamen Brasilianer hinzu, die aus anderen Gegenden des Landes hergekommen waren. Sie brachten „eine Rationalität der kurzfristigen Nutzenmaximierung" mit sich, in dem sie ein Auktionssystem einführten, auf dem die örtlichen Hersteller miteinander konkurrieren und sich gegenseitig unterbieten mussten. Es kam zu einer „raschen Zunahme gesellschaftlicher Arbeitsteilung, Anonymisierung und der Durchsetzung von Marktrationalität und einer Erosion des traditionellen Sozialkapitals". (MEYER-STAMMER 2005, S.10) In den 70er und 80er Jahren kam es wieder zu einer Phase enormen wirtschaftlichen Wachstums, wobei kollektives Handeln im Vergleich zu reinem marktwirtschaftlichem Effizienzdenken diesmal eine untergeordnete Rolle spielte. Dies beweist nur, dass das Sozialkapital nicht unbedingt eine unverzichtbare Voraussetzung für den wirtschaftlichen Erfolg einer Region ist.

Zu Beginn der 90er Jahre kam es in Vale dos Sinos zu einem drastischen Exporteinbruch, der, so Schmitz, sich aus der steigenden Präsenz chinesischer Produzenten erklärt (früher aus den USA). Das Exportniveau sank in dieser Zeit von US$ 2 Mrd. auf rd. 1,5 Mrd. (MEYER-STAMMER 2005, S. 9-10)

In dieser Phase bemühte man sich das Sozialkapital neu aufzubauen, weil man der Meinung war, dass dies zur Stabilisierung der schwierigen wirtschaftlichen Situation in Vale dos Sinos führen würde. Die schwierigste Hürde, die die Unternehmen überwinden mussten, war das opportunistische Verhalten (z. B.: Wechsel der Lieferanten beim Auftauchen von irgendwelchen Problemen), das sich in den letzten Jahren durchsetzte. Die Lösung sah man unter anderem in der Intensivierung der Zusammenarbeit zwischen den Unternehmen. Es wurden in dieser Phase zusätzlich andere Praktiken eingewendet, die ich jetzt nicht genauer erläutern werde, weil das für das Thema der Hausarbeit nicht von großer Relevanz ist. (MEYER-STAMMER 2005, S. 11)

Am Beispiel von Doris Irmaos und Vale dos Sinos insgesamt kommt Schmitz zu der Erkenntnis, dass Sozialkapital einen positiven Einfluss auf die wirtschaftliche Entwicklung in einer Region haben kann. Sozialkapital ist jedoch ständigem Wandel unterworfen. Hatte es in der Anfangsphase des Industrialisierungsprozesses und zu Beginn des Exportbooms eine wichtige Rolle in der wirtschaftlichen Dynamik gespielt, verlor es zwischen den oben genannten Phasen immer mehr an Bedeutung, wobei die Wirtschaft unabhängig von Sozialkapital florierte. Es gibt nachdem keine kontinuierliche Evolution von Sozialkapital. Darauf aufbauend stellt Schmitz die Behauptung auf, dass Sozialkapital wie Finanzkapital akkumuliert wie aufgebraucht werden kann und dass „künstlich" geschaffenes Sozialkapital sich qualitativ grundlegend von dem traditionellen Sozialkapital unterscheidet. (MEYER-STAMMER 2005, S. 12)

Die Korrelation zwischen Sozialkapital und ökonomischer Entfaltung stellt Schmitz im unten aufgeführten Diagramm dar, welches von links nach rechts zu lesen ist.

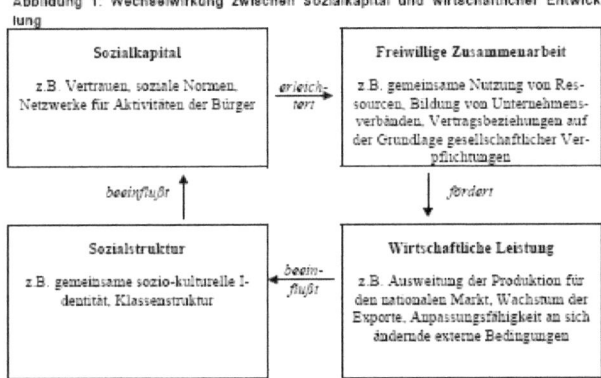

Abbildung 1: Wechselwirkung zwischen Sozialkapital und wirtschaftlicher Entwicklung

Quelle: Meyer-Stamer S.13.

Anhand seiner Forschungen stellte Schmitz eine Tabelle (siehe Tabelle 1) auf, in der die wichtigsten Elemente genannt werden, die die Ausprägung von Sozialkapital verursachen.

Tabelle 1: Welche Elemente bestimmen die Ausprägung von Sozialkapital?		
Ursprung	Nebenprodukt existierender Sozialbeziehungen	Für einen spezifischen Zweck absichtsvoll geschaffen
Reichweite	selektiv	allgemein
Umfang	zweiseitige Kooperation	mehrseitige Kooperation
Institutionalisierung	informell	formalisiert
Balance	symmetrisch	asymmetrisch
Verstärkungsmechanismus	externe Sanktionen	interne Sanktionen
Soziale Bindung	traditionell	modern

Quelle: Meyer-Stamer, S. 13

9

<u>Ursprung</u> – Man unterscheidet zwischen dem „traditionellen" Sozialkapital (Familie, ethnische Bindungen etc.) und dem „künstlich" erschaffenen Sozialkapital (z. B. genaue Beachtung wechselseitiger Verpflichtungen in Zulieferbeziehungen).

<u>Reichweite</u> – Sozialkapital kann genauso in kleineren Gruppen entstehen wie in größeren Communities.

<u>Umfang</u> – In bilateralen Interaktionen spielt Sozialkapital eine genauso wichtige Rolle wie in multilateralen Interaktionen.

Das traditionelle Sozialkapital entsteht in informellen Beziehungen, es kann aber zu einer <u>Institutionalisierung</u> kommen, z. B. in Unternehmensverbänden (formalisiert).

<u>Balance</u> – Horizontale und symmetrische Beziehungen begünstigen das Entstehen von Sozialkapital, wobei vertikale und asymmetrische Beziehungen eine negative Auswirkung auf das Sozialkapital haben, weil diese zu Abhängigkeitsbeziehungen führen.

<u>Verstärkungsmechanismus</u> – Faktoren, die in den Personen innewohnen, z. B. Moralbewusstsein.. Es können aber auch externe Sanktionen, wie z. B. die Drohung von sozialer Ächtung, zu Verstärkungseffekten führen.

<u>Sozialbeziehungen</u> – Diese können traditionelle Ursachen (z. B. Verwandtschaftsbeziehungen) oder eher modernen Charakter haben (z. B. gemeinsame berufliche oder politische Interessen). (MEYER-STAMMER 2005, S. 13-14)

4. Kritik an bestehenden Theorien von Udo Staber

Zahlreiche Arbeiten in der Wirtschaftsgeografie und regionalen Studien haben Sozialkapital als einen hervorstechenden Faktor in der Leistungskraft von regionalen Wirtschafts-Clustern bewertet. Theoretische Argumente haben sich auf jene strukturellen, relationalen und kognitiven Eigenschaften des Sozialkapitals konzentriert, von denen erwartet wird, dass sie die Zusammenarbeit und Innovation als Basis für den Erfolg eines Clusters unterstützen. Udo Staber kritisiert, dass die verfügbaren empirischen Beweise für die Leistungsauswirkungen von Sozialkapital relativ schwach vorhanden und größtenteils inkonsistent sind. Er behauptet, dass ein Grund für die beobachteten Unbeständigkeiten zwischen verschiedenen Studien darin zu suchen ist, dass die situationsbedingten Zusammenhänge, in denen Sozialkapital sich entwickelt, nicht beachtet wurden. (STABER 2007, S.1)

Nach einem Jahrzehnt mit ausgiebigem Theoretisieren und empirischen Forschungen über das Thema gibt es jedoch seiner Meinung nach noch immer wenig schlüssige Beweise, die aussagen könnten unter welchen Umständen das Sozialkapital, das in

Clustern enthalten ist, einen signifikanten Unterschied in Bezug auf die Leistung der im Cluster zusammengefassten Unternehmen, das Cluster oder die Region, in der sich das Cluster befindet, ausmacht. Als Beweis zitiert er einen jüngst veröffentlichten Bericht der OECD, der besagt, dass „diese Schlussfolgerungen die Komplexität des Themas verdeutlichen und nach einer tieferen Analyse verlangen. Es gibt kein einziges Modell von Sozialkapital und keine einzige Auswirkung auf die Leistung eines Clusters". (STABER 2007, S.1)

Viele der Doppeldeutigkeiten der empirischen Beweise über die Leistungsauswirkungen von Sozialkapital in einem Cluster-Setting haben mit methodologischen Fragen in Bezug auf Variablenmessung und Datenstruktur zu tun, und mit methodologischen Inkonsistenzen zwischen den Studien. Staber dagegen konzentriert sich auf den Kontext, der im Allgemeinen in empirischen Studien als Variable übersehen wird. Während Fragen über den Kontext von Zeit zu Zeit in der Literatur über regionale Cluster immer wieder auftauchen, genauso wie in anderen Bereichen der Sozialwissenschaften wie Management und Gesellschaftsstudien, finden sie typischerweise nicht große Beachtung in der empirischen Forschung über Form und Funktion von Sozialkapital in Clustern. In vorangegangenen Studien ist nicht eindeutig zu ersehen, ob die gewonnenen Einsichten über die verschiedenen Aspekte von Sozialkapital allgemeiner Art sind oder sich spezifisch auf den Kontext der Situation, in welchem das Cluster eingebettet ist, beziehen. (STABER 2007, S.2) Beispielsweise kann die Verteilung von Geschäften und institutionellen Akteuren im Cluster ein wichtiger kontextueller Faktor sein. Individuen und Organisationen operieren in verschiedenen Bereichen, wo sie es mit derart unterschiedlichen Anforderungen zu tun haben, dass eventuell eigene Erklärungsmodelle zur Erörterung von Netzwerkstrukturen und –praktiken nötig sind.

Tut man dies nicht und ignoriert den jeweiligen Kontext, kann dies aus Sicht von Staber zu einer verzerrten Sicht über die Umstände wie Sozialkapital entsteht und sich in die eine oder andere Richtung entwickelt und mit all seinen Implikationen für die Leistung eines Clusters und der Clusterunternehmen äußert, führen.

Staber warnt, dass die meisten Studien zwar die Eigenschaften von Sozialkapital beschreiben oder das Vorhergehende von Sozialkapital untersuchen, aber nicht direkt die Auswirkungen der unterschiedlichen Level von Sozialkapital erforschen. Leistungsindikatoren würden oft von anderen Forschungskontexten übertragen werden, ohne dass Bedenken hinsichtlich ihrer Gültigkeit und Zuverlässigkeit in dem neuen

Rahmen ausgedrückt würden. (Staber 2007, S.3) Unbeständigkeiten bestehen laut Staber auch in der Operationalisierung des Konzepts. Einige Forscher haben mit einem globalen Maßstab für Sozialkapital gearbeitet und es „Netzwerkaktivität" oder „Netzwerkqualität" genannt (z. B. Chell and Baines, 2000). Andere wiederum haben ihren Schwerpunkt auf die prozessbezogene Dimension von Sozialkapital wie Kommunikation oder Verhandlungen gelegt (z. B. Stanley and Helper, 2003). Manche haben Sozialkapital mit Netzwerkstruktur gleichgesetzt, wie die Dichte der Beziehungen (z. B. Walker et al., 1997) oder haben einen kognitiven Ansatz und konzentrieren sich auf die Schaffung einer geteilten Identität (z. B. Heydebrand und Miron, 2002). Viele Forscher haben dabei mit ungefähren Maßstäben gearbeitet, die mehr oder weniger genau die verschiedenen Bedeutungen von Sozialkapital bei einem lokalen Hintergrund erfassen (Taylor and Leonard, 2002). So lautet auch einer der Hauptkritikpunkte von Staber, dass die Ansätze zur Messung und der Fallzahlen in großem Maße insgesamt inkonsistent sind, was die Sache für den Leser dieser Studien schwierig gestaltet, die Ergebnisse von verschiedenen Studien zu vergleichen. (STABER 2007, S.3)

Dies wäre am deutlichsten in einer Forschung über die Leistungsauswirkungen von räumlicher Nähe deutlich, welches oft als ein Maßstab für Sozialkapital verwendet wird. Einige Studien unterstützen die theoretische Erwartung, dass geografische Nähe eine kognitive Koordination erleichtert und Opportunismus reduziert. Eine Studie über Unternehmensgründungen im Bereich Biotechnologie wies beispielsweise nach, dass Cluster mit dicht miteinander verbundenen Partnerfirmen eine stärkere Quelle für neue Allianzen waren als weniger dicht verbundene Cluster. Auch eine Studie über Cluster in den Niederlanden zeigte, dass Nähe einen positiven Effekt auf eine Vielzahl von unternehmungsinternen Leistungen hat, obwohl Verbindungen zu Unternehmen außerhalb des Clusters auch wichtig sind. Andere Studien legen aber nahe, dass räumliche Nähe auch negative Auswirkungen haben kann. Nach Meinung von Staber ist es wichtig zwischen den Auswirkungen einer bestimmten Ursache und der Art und Weise wie diese Auswirkung sich in einer gegebenen Umgebung entfaltet, zu unterscheiden. Zum Beispiel kann es im Allgemeinen wahr sein, wie die Theoretiker vorhersagen, dass neues Wissen noch effektiver durch das Bestehen von hohen Ebenen von Sozialkapital erzeugt werden kann. Aber die Mechanismen, mit denen Sozialkapital zu neuem Wissen führt, können höchst variabel und ganz spezifisch auf den Kontext bezogen sein, in dem sich Sozialkapital entwickelt. Zum Beispiel kann es in einer Umgebung so sein, dass hauptsächlich institutionelle Organisationen dafür verantwortlich sind, Sozialkapital in Cluster-Wettbewerbsfähigkeit zu übersetzen. Das ist beispielsweise der Fall in einigen deutschen Fernseh- und Filmproduktions-Clustern. In einer anderen Umgebung kann es sein, dass hauptsächlich direkte persönliche Beziehungen innerhalb von kleinen Wissensgemeinschaften für den lokalen Energieschub für Innovation sorgen. So ist das z. B. im New Media-Cluster in New York City. Stabers Fazit daraus lautet, dass wenn Forscher verschiedene Ergebnisse in verschiedenen Kontexten herausbekommen, sie zu dem Schluss kommen mögen, dass es verschiedene Ursachen gibt, aber in Wahrheit sind es kontextspezifische Faktoren, die für das Ergebnis verantwortlich sind. (STABER 2007, S. 5-6)

Die Art und Weise wie das institutionelle System sich in einem speziellen Cluster entfaltet kann zu einzigartigen sozialen Produktionssystemen führen, die schwierig in andere Regionen zu transferieren sind. Örtliche Eigenheiten in Entwicklungsmustern und Wegabhängigkeiten können zum Beispiel die Erklärung dafür sein, warum die Struktur für wissenserweiternde Systeme zwischen Clustern stark variieren kann und warum Cluster oft eine verschiedene Bedeutung in unterschiedlichen Standorten haben. Ob örtliche Gegebenheiten der Entwicklung und Zirkulation von Wissen förderlicher sind als Verbindungen zu weiter entfernten Standorten muss empirisch untersucht werden, und dies erfordet kontextuelle Forschung. Beispielsweise hat eine Studie herausgefunden, dass regionale Unterschiede im Einfluss von Sozialkapital auf die regionale Wettbewerbsfähigkeit durch die räumliche Verteilung von wissensintensiven Unternehmen abgemildert wurden. Dies ist ein wichtiges Ergebnis, weil es nahelegt, dass die Auswirkungen von Sozialkapital mit den speziellen Wissensanforderungen im Produktionssystem verbunden sind.

4.1. Kontextualisierung nach Staber

Staber fordert die Forscher dazu auf, ihre Studien auf eine Art und Weise zu kontextualisieren, das ihr Wissen über das Forschungsszenario in ihre Forschungsmethode und die Interpretation der Ergebnisse einfließen lässt. Kontextualisierung kann erreicht werden durch: (1) eine noch exaktere Beschreibung des Forschungsszenarios; (2) einen kontextempfindlichen Stichprobenplan; (3) eine Schwerpunktverlagerung auf Prozesse und Ereignisse; (4) Augenmerk auf mitwirkende Entwicklungsabläufe in verschiedenen Ebenen; und (5) Beachtung von sozialen Mechanismen, die Handlungen in verschiedenen Ebenen verbinden. (STABER 2007, S.9)

Eine noch exaktere Beschreibung (1) würde sehr erkenntnisreich mittels vergleichender Forschung die Bedeutung von Sozialkapital, die es für die beteiligten Akteure besitzt, bestätigen. Die Frage nach der Bedeutung betrifft die gesamte Verständnisgrundlage, die die sozialen und ökonomischen Fakten des Sozialkapitals hinsichtlich der Verteilung von Verpflichtungen, des Zusammengehörigkeitsgefühls und der Vertrauensbildung umfasst. Ganz klar würde die übliche Strategie mit dem Einsatz von Ersatzvariablen um die regionalen Unterschiede zu kontrollieren nicht die erforderlichen Ergebnisse produzieren. Es würde einfach die hervorstechenden kontextuellen Effekte ausbügeln, die untersucht werden sollen. Eine noch exaktere Beschreibung erfordert eine Analyse, wie Standortdetails, die mit diesen Variablen verbunden sind, in die Entwicklung von Hypothesen über Sozialkapital eingebunden sind. Für manche Umgebungen kann es erforderlich sein, einzigartige Maßeinheiten von Sozialkapital zu erschaffen, die die Besonderheiten des beobachteten Clusters widerspiegeln. (STABER 2007, S. 9-10)

Kontextempfindlichkeit (2) appelliert an die Forscher, genau auf den Stichprobenrahmen zu achten, und präzise zu formulieren wie die einzelnen ausgesuchten Punkte eine Fallstudie erklären und warum die Beziehungen in anderen Stichproben wahrscheinlich anders aussehen würden.

Aber wenn die Absicht sein sollte, die Umstände zu ermitteln, die für den Erfolg eines Clusters verantwortlich gemacht werden können, so Staber weiter in seinen Ausführungen, ist es notwendig, in der Stichprobe Vergleichsfälle von Clustern mit unterschiedlichen Erfolgsleveln und Sozialkapitalleveln zu haben. Genauso sollten auch Cluster in verschiedenen Kontexten mit aufgenommen werden. Stichproben von Cluster-Netzwerken sollten ebenso die neuesten erschaffenen Netzwerke und die sich im Aufbau Befindlichen beinhalten. Denn Variabilität neigt dazu am größten zu sein, wenn neue Netzwerke organisiert werden, nicht nachdem sie schon aufgebaut sind und sich erfolgreich einen Ruf gemacht haben. Der entwicklungstechnische Weg, den das Cluster ging, war vermutlich in den Anfangstagen am stärksten von Sozialkapital beeinflusst. In dieser Phase wurden neue Beziehungen geformt und neue Ressourcen entwickelt. Die wichtigsten Effekte der negativen Auswahl sind wahrscheinlich schon passiert, als die meisten Stichprobencluster erkannt und untersucht wurden. Studien, die sich auf entwickelte Cluster beschränken, spiegeln höchst wahrscheinlich nicht den tatsächlichen Gehalt an Variabilität in organisatorischen Formen wider. Folgerichtig kritisiert Staber, dass Forscher den Kern einer Clusterentwicklung und die fördernde oder behindernde Rolle von Sozialkapital bei Veränderungen übersehen. (STABER 2007, S.10)

Geschichte im Sinne von Cluster-Geschichte stellt eine wichtige prägende Eigenschaft des Kontexts dar (3), indem es die speziellen Ereignisse, Personen, Organisationen oder speziellen Umstände wie zum Beispiel Ressourcenausstattung, die die Clusterentwicklung geformt haben, widerspiegelt. Um den andauernden Effekt von Cluster-Geschichte zu verstehen, muss man sich den Abläufen widmen. Zu studieren, wie sich Netzwerkbeziehungen mit der Zeit entfalten, und wie sich Cluster als Reaktion auf veränderte Konditionen neu konfigurieren, würde die vielen Wege aufzeigen, in welchen die Abhängigkeit von Pfaden in Sozialkapital enthalten ist. Staber ist der Meinung, dass wenn die Aufmerksamkeit auf Abläufe gerichtet werden würde, dies beispielsweise erklären könnte, wie neue unternehmerische Ideen aufkommen. Eine ablauforientierte Perspektive würde Forscher dazu einladen, nach relevanten Ereignissen und Akteuren, die auch außerhalb des Clusters liegen könnten, zu suchen. Wahrhaft innovative Ideen entstehen oft an den Rändern einer Siedlung und Individuen, die sich am Rande von verschiedenen Siedlungen befinden, haben oft einen strategischen Vorteil, wenn sie als Wissensbroker agieren, so Staber weiter (STABER 2007, S. 10-11) Wenn man das Cluster als ein verschachteltes hierarchisches System von Produktion und Austausch betrachtet, dann erfordert dies ein Forschungsdesign (4), das die ebenenübergreifenden Effekte miteinschließt. Die Forschung kann beispielsweise überprüfen, wie Lernprozesse in der Clusterebene mit den niedrigeren Ebenen interagieren. Jedes Cluster kann ihr ganz spezifisch eigenes historisches Anpassungsprofil besitzen, das sie mittels Ausschöpfung und Erkundung entwickelt hat. Eine voll entfaltete ko evolutionäre Analyse von Cluster- und Sozialkapitalentwicklung würde aufzeigen, wie das Cluster sich als ein Ergebnis von Netzwerkaktivität und den Handlungen der jeweiligen beteiligten Unternehmen sowie in Verbund mit der Entwicklung der konstituierenden Industrien und der Institutionen, herausbildete. Es könnte zum Beispiel aufzeigen, dass die verschiedenen Komponenten des Clusters jeweils eigenen unterschiedlichen Laufbahnen folgen. Das ist hauptsächlich der Fall in Clustern, dessen Mitglieder in internationale Netzwerke eingebunden sind und demgemäß das Subjekt einer vielschichtigen Umgebungsauswahl. (STABER 2007, S.11)

Schließlich weist Staber darauf hin, dass das Studium von ko-evolutionären Abläufen Augenmerk auf die damit verbundenen Handlungen und Ereignisse auf verschiedenen

Ebenen erfordert (5). Der Trend in der Forschung über Sozialkapital in Clustern ist bisher gewesen – so Staber in seiner Kritik -, eine Liste mit einer Gruppe von Sozialkapitalvariablen aufzustellen und dann anzunehmen, dass, wenn diese im Cluster auftreten, sei es in der Zusammenarbeit, der Innovation, oder was auch immer die abhängige Variable sein mag, der vermutete Effekt eintreten wird. Aber einzig die Auflistung von Variablen begründet noch keine Theorie und einfach neue Variable in eine Folgestudie einzufügen, begründet noch keine Theoriebildung. Neue theoretische Erkenntnisse kommen dann, wenn aufgezeigt wird, wie und warum das Hinzufügen einer neuen Variable unser Verständnis des Untersuchungsgegenstands verändert, indem es die kausalen Hintergründe neu organisiert. Dies erfordert eine Erklärung der darunterliegenden und arbeitenden Mechanismen. Die Forschungsaufgabe würde laut Staber heißen, zu erklären, wie die Strukturgleichheit zwischen den Akteuren und ihrer sozialen Umgebung, die diese Theorie annimmt, sich tatsächlich entwickelt. Institutionelle Mechanismen können sich in Clustern unterscheiden und diese Unterschiede können Teil der Begründung sein, warum Cluster in derselben Industrie oft sich in anderen Bewegungsbahnen entwickeln. Beispielsweise würde man erwarten, dass radikale industrielle Innovationen sich häufiger in Clustern ergeben, die in liberalen Märkten ihren Platz haben als in von oben geordneten Marktwirtschaften. Dies würde man derart erwarten, dass Unternehmen ihre Strategien mit den institutionellen Rahmen, in die sie eingebettet sind, abgleichen. (STABER 2007, S.12)

5. Fazit

Die Kritik von Udo Staber an den bisherigen Bewertungen des Phänomens Sozialkapital ist berechtigt. Wurde dieses aufgrund seiner größtenteils positiven Auswirkungen für alle Beteiligten in einem durchwegs wohlwollenden Licht gesehen, ist es nun aufgrund der wachsenden Anzahl von miteinander konkurrierenden Standorte und Cluster erforderlich, tiefer in die Analyse zu gehen. War es bis vor wenigen Jahren noch durchaus ausreichend, überhaupt eine Interessengemeinschaft in Form eines Clusters zu bilden, um Erfolg zu haben, ist nun eine differenzierte Auseinandersetzung mit dem Thema angebracht. Denn Stabers Anregungen, dass beispielsweise ein Cluster nicht in jeder Phase mit den gleichen Instrumentarien arbeiten sollte, machen in einer komplizierter gewordenen Standortfrage sehr viel Sinn. Seine These, dass Cluster eine anspruchsvolle Aufgabe für die Forschung sind, die gefüllt mit vielschichtigen und teilweise miteinander konkurrierenden theoretischen Perspektiven, schwierig zu messbaren Konstrukten und einzigartigen Szenarios ist, klingt in einer globalisierten und miteinander auf vielen Ebenen verflochtenen Wirtschaftswelt sehr plausibel. Aber weil die Ergebnisse der bisherigen Studien von einer Vielfalt von Forschungsstandorten- und Institutionen kommen, die unterschiedliche Einheiten von Analysen, Zeitabschnitten, industriellen Bereichen und Konstruktmesssystemen beinhalten, ist es sehr schwer, die Leistungsauswirkungen von Sozialkapital daraus abzulesen. Allgemeine Aussagen über Sozialkapital als einen zentralen Bestandteil der Leistungen eines Clusters, ohne eine Referenz oder Kontext dazu, sollten demgemäß mit höchster Vorsicht behandelt werden. In diesem Sinne hat Staber völlig recht, dass Forschung über Sozialkapital zu kontextualisieren dazu beitragen würde, die Anwendbarkeit dieses Konzepts für besondere Geschäftszwecke, Institutionen und Regionen zu bestimmen. Richtig angewandt könnten die Anwendungsergebnisse besser für die Ausübung vor Ort, seien es Unternehmen oder ganze Regionen, abgeleitet werden.

(Länge: 4569)

17

6. Literaturliste

- **Coleman**, James S. (1995): Grundlagen der Sozialtheorie. Bd. 1-3, München.

- **Meyer-Stamer**, Jörg: Sozialkapital und die Kooperation unter lokalen Unternehmen: Erfahrungen aus industriellen Clustern in Brasilien. In: Peripherie, Nr. 99/2005.
  http://www.meyer-stamer.de/2005/Sozialkapital.pdf   Stand: 15.05.08.

- **Faust** Jörg, **Marx**, Johannes: Zwischen Kultur und Kalkül, Sozialkapital und wirtschaftliche Entwicklung.
  http://www.politik.uni-mainz.de/cms/FaustMarx.pdf Stand: 17.05.08.

- **Putnam**, Robert D/**Goss**, Kristin A., (2001): Einleitung, in: Putnam, Robert D. (Hrsg): Gesellschaft und Gemeinsinn. Sozialkapital im internationalen Vergleich, Gütersloh: Verlag Bertelsmann-Stiftung: 15-43.

- **Putnam**, Robert D. (1993): Making Democracy Work: Civic Traditions in Modern Italy, Princeton University Press.

- **Staber**, Udo: Contextualizing Research on Social Capital in Regional Cluster. In: International of Urban and Regional Research, 2007.